Emmanuel Duodu
Godwin Kafui Ayetor
George Bright Gyamfi

Série de Engenharia Automóvel "Rodas e Pneus"

Emmanuel Duodu
Godwin Kafui Ayetor
George Bright Gyamfi

Série de Engenharia Automóvel "Rodas e Pneus"

ScienciaScripts

Imprint

Any brand names and product names mentioned in this book are subject to trademark, brand or patent protection and are trademarks or registered trademarks of their respective holders. The use of brand names, product names, common names, trade names, product descriptions etc. even without a particular marking in this work is in no way to be construed to mean that such names may be regarded as unrestricted in respect of trademark and brand protection legislation and could thus be used by anyone.

Cover image: www.ingimage.com

This book is a translation from the original published under ISBN 978-620-2-02231-6.

Publisher:
Sciencia Scripts
is a trademark of
Dodo Books Indian Ocean Ltd. and OmniScriptum S.R.L publishing group

120 High Road, East Finchley, London, N2 9ED, United Kingdom
Str. Armeneasca 28/1, office 1, Chisinau MD-2012, Republic of Moldova, Europe
Printed at: see last page
ISBN: 978-620-7-93436-2

MANUSCRITO DE LIVRO

RODAS E PNEUS
SR. EMMANUEL DUODU
DR. GODWIN KAFUI AYETOR
REV. GEORGE BRIGHT GYAMFI
UNIVERSIDADE TÉCNICA DE KOFORIDUA
FACULDADE DE ENGENHARIA
DEPARTAMENTO DE ENGENHARIA AUTOMÓVEL
P. CAIXA POSTAL KF 981
KOFORIDUA, GANA

RODAS E PNEUS

PREFÁCIO

Este livro é um manual académico concebido para satisfazer as necessidades dos estudantes de Mecânica Automóvel nas instituições técnicas e nas escolas técnicas secundárias. É também um bom material para o Diploma Nacional Superior em Engenharia Automóvel. O livro é composto por três partes. A primeira parte aborda o teorema do pneu, enquanto a segunda parte aborda o teorema da roda. A última secção das três partes aborda o diagnóstico e a manutenção das rodas e dos pneus.

O livro é autodidático e pode orientar o estudante nas salas de aula e, sobretudo, no local de trabalho.

RECONHECIMENTO

Os autores gostariam de agradecer às seguintes pessoas pela utilização dos seus termos técnicos e esboços para ilustrações e discussões. Agradecemos também a utilização dos seus direitos de autor e materiais. Tom Denton (2008). Material de formação para técnicos de automóveis, Hiller HV (2000). Fundamental of Motor Vehicle Technology e outros.

Embora alguns dos esboços sejam oblíquos, o seu principal objetivo é ilustrar a realidade dos componentes. O nosso objetivo é partilhar ou trazer a indústria para a sala de aula. O aluno deve consultar o manual do fabricante para obter as informações mais recentes, caso seja necessário.

ÍNDICE DE CONTEÚDOS

PNEUS

1.0. Objectivos de aprendizagem

Depois de estudar a Parte I, o leitor deve ser capaz de

- Identificar as características do pneu
- Indicar as funções e o objetivo dos pneus
- Indicar os tipos e as características dos pneus
- Estado dos materiais utilizados para os pneus
- Explicar as características de construção de um pneu
- Identificar e interpretar as marcas nos pneus
- Compreender a classificação dos pneus
- Descrever os diferentes tipos de perfil dos pneus

1.1. Introdução

As rodas e os pneus desempenham um papel muito importante na configuração do veículo a motor. As rodas e os pneus são duas entidades separadas que são reunidas ou montadas para formar uma unidade (ver figura 1a). O pneu é uma peça de borracha flexível (ver Figura 1b) moldada em forma circular, cheia de ar pressurizado e montada na roda. A roda é a peça metálica (ver Figura 1c), constituída por uma jante e um disco ou flange soldados entre si. Por vezes, a jante e o disco/flange da roda são fundidos ou moldados como uma unidade. A roda e o pneu são reunidos para formar uma unidade, daí o termo "rodas e pneus". No entanto, não é incorreto designar a unidade por roda.

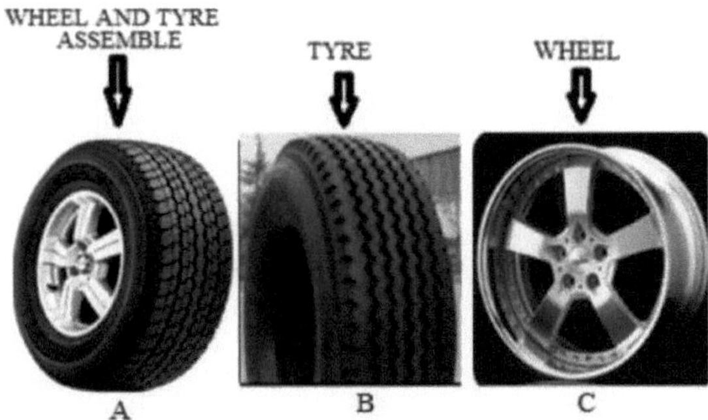

Figura 1 Roda e pneu

O pneu está em contacto correto com a superfície da estrada e transmite as forças de condução, de travagem e laterais.

1.2. Características dos pneus
Um pneu normalizado deve ter as seguintes características

- Os pneus devem ser resistentes mas leves. No entanto, devem ser capazes de suportar o peso do veículo.

- Do ponto de vista económico, deve ter uma vida útil longa e um bom preço.

- Uma vez que está em contacto direto com a superfície da estrada, deve ter uma baixa resistência ao rolamento.

- Deve ser amigo do ambiente, pelo que deve ser utilizado com baixo ruído.

- Os pneus devem poder ser utilizados tanto em piso molhado como em piso seco e ser utilizados com segurança em gelo e neve.

- Os pneus devem contribuir para um bom conforto de condução.

- Em caso de condução, o pneu deve poder suportar um certo número de impulsos laterais e uma força de torção em curva.

1.3. Funçoes e objetivo dos pneus

Os pneus montados nos veículos a motor estão normalmente em contacto direto com a superfície da estrada: O pneu tem várias funções, nomeadamente

1. Transmite a tração, as forças de travagem e as forças transversais ou laterais, gerindo igualmente a paragem e a viragem do veículo.
2. Suporta o peso do veículo e transporta a sua carga.
3. O ar pressurizado que contém amortece e absorve os choques da estrada. Isto contribui para uma boa aderência à estrada e uma condução confortável.

1.4. Construção de pneus
A figura 2 mostra a secção transversal de um pneu e as suas partes principais:

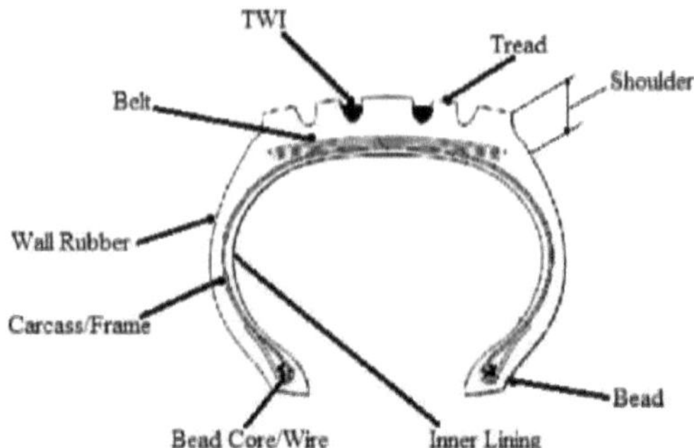

Figura 2 Secção transversal de um pneu.

Fonte: De http://www.rubberstation.com/tire(PC)crosssection1.jpg Dated: 2017

1.4.1. Pisar

O piso de um pneu é a parte que fica em contacto com a superfície da estrada. O piso é feito de borracha. A composição química desta parte é diferente da das outras partes do pneu. É este piso que transmite todas as forças entre o veículo e a estrada e, ao mesmo tempo, descarrega qualquer forma de água ou sujidade. As bandas de rodagem são cortadas de tal forma que o ar fica retido para arrefecer o pneu.

1.4.2. Carcaça (invólucro)

A base ou a estrutura principal do pneu é formada pela carcaça, de preferência designada por invólucro. Todas as forças que actuam sobre o pneu têm de ser absorvidas pela carcaça. A carcaça é constituída por uma ou mais camadas de telas.

1.4.3. Ombro

A parte do pneu que liga o piso à parede de borracha é o ombro. O ombro é feito de borracha.

1.4.4. Borracha de parede

A parede de borracha ou flanco é um protetor que protege a estrutura principal (carcaça) do pneu contra a penetração de sujidade ou de humidade do ar que possam danificar o pneu. A parede lateral também é feita de borracha, embora a sua composição química seja diferente da borracha do piso.

1.4.5. Conta

O pneu fica na jante da roda com o talão. Este talão é constituído por uma série de camadas de arame de aço que assegura a fixação do pneu na jante. As camadas principais da carroçaria (camadas de

1.7. Classificação dos pneus

Os pneus dos veículos a motor podem ser classificados em várias dimensões, consoante o modo como são fabricados, o local onde são utilizados e a forma como são utilizados. Os pneus também podem ser classificados de acordo com os materiais a partir dos quais são fabricados e com a forma como são concebidos.

1.7.1. Classificação de acordo com a conceção

1.7.1.1 Pneus com e sem câmara de ar

Atualmente, os pneus de um veículo a motor podem ser concebidos para incorporar uma câmara de ar ou sem câmara de ar. Um pneu com câmara de ar significa que tem de ser montada uma câmara de ar, na qual é introduzido ar pressurizado. No entanto, os pneus sem câmara de ar não têm câmara de ar. Um pneu sem câmara de ar é revestido com um material muito macio, no qual o ar pressurizado é impedido de vazar entre o pneu e a jante. O talão de um pneu sem câmara de ar encaixa na jante da roda de modo a ficar estanque. Neste caso, um pneu de estrutura radial ou um pneu de estrutura cruzada pode ser utilizado com uma câmara de ar ou sem câmara de ar.

Uma vantagem de um pneu sem câmara de ar é o facto de ser fácil de manter, uma vez que tem menos peças. Não há fugas de ar rápidas, mesmo em caso de furo. Uma vez que o ar no interior do pneu está em contacto direto com a jante, melhora a emissão de calor durante a condução. Uma desvantagem do pneu sem câmara de ar é que podem ocorrer fugas de ar em caso de danos na jante ou no disco da roda (flange), pelo que é necessário ter cuidado ao conduzir em estradas não pavimentadas e, especialmente, em estradas rochosas.

1.7.2. Classificação de acordo com o material

1.7.2.1. Pneus de aço ou de nylon

Os pneus são construídos para suportar o peso ou as cargas do veículo, pelo que são utilizados cordões de aço e de tecido na sua construção para reforçar este composto de borracha flexível e conferir-lhe resistência. Entre os materiais adequados para a aplicação em pneus encontram-se o algodão, o rayon, o poliéster, o nylon, a fibra de vidro e a aramida.

O material de que são feitas as cordas também pode determinar o tipo de pneu. Por exemplo, se a corda de um pneu de estrutura radial for feita de aço, este pneu pode ser designado por pneu de estrutura radial em aço. Na maioria dos casos, os pneus de estrutura cruzada são fabricados com bandas de rodagem de nylon dispostas em camadas num ângulo inclinado. Por isso, os pneus de lonas cruzadas são conhecidos como pneus de nylon.

1.7. 3. Classificação de acordo com as suas características ou funções

Os pneus podem ser classificados em função das suas características ou das funções e natureza da estrada em que o pneu se aplica. As mais comuns são as seguintes:

- Pneus para todas as condições climatéricas (pneus para todas as estações)
- Pneu para neve ou lama
- Pneu sem pregos
- Pneu com espigão
- Pneus de areia

1.7.4. Classificação de acordo com o padrão da banda de rodagem

1.7.4.1,Padrão do piso do pneu

Uma vez que o piso do pneu entra em contacto direto com a superfície da estrada, deve ter aderência suficiente, baixo ruído e baixa resistência ao rolamento. As aplicações dos pneus dependem exclusivamente do desenho do piso que é feito com o perfil (Quadro 1.1).

Block pattern	Advantage:	Disadvantage.
The block pattern tyres are used on most snow tyres and stud less tyres, the tread in this pattern is divided into independent blocks	Safety good in snow and mud	Wear faster than rib and lug

Fonte: (Imagens)-boosttown.com/images/wheels-tyres

1.7.5. Classificação de acordo com a marca ou o fabricante

Os pneus podem ser classificados ou agrupados de acordo com a marca ou o nome dos fabricantes. A cada marca foi atribuída uma classificação de marca com base num estudo de referência sobre a força, o risco e o potencial futuro de uma marca em relação ao conjunto dos seus concorrentes, bem como um valor de marca. O quadro seguinte apresenta uma classificação das dez principais marcas de pneus de 2013 a 2016.

Quadro 1.2 Dez (10) principais marcas de pneus

2013 Ranking	Brand	2014 Ranking	Brand
1	Bridgestone		Bridgestone
2	Michelin		Michelin
3	Continental		Continental
4	Goodyear		Goodyear
5	Pirelli		Sumitomo
6			Pirelli
7			Hankook
8			Dunlop
9			CST
			Yokohama

Fonte: https://www.rankingthebrands.com/The-Brand-Rankings)

2015 Ranking	Brand	2016 Ranking	Brand
1	Bridgestone		Bridgestone
2	Michelin		Michelin
3	Continental		Continental
4	Goodyear		Good year
5	Pirelli		Pirelli
6	Sumitomo		Sumitomo
7	Hankook		Hankook

8	Dunlop	Yokohama
9	Yokohama	Dunlop
	CST	CST

Fonte: https://www.rankingthebrands.com/The-Brand-Rankings) Data 2017

1.7.6. Classificação de acordo com o tipo de veículo Os pneus podem ser classificados como

- Pneus para veículos de passageiros (PC)

- Pneu para camião ligeiro (LT)

- Pneus para camiões e autocarros (TB)

- Pneu agrícola (AT)

- Pneu para serviço pesado ou industrial (ID)

- Pneu fora de estrada (OTR)

- Pneu de aeronave (AC)

- Pneu para motociclos (MC)

1.8. Descrição dos pneus

As descrições dos pneus centram-se em duas dimensões principais, ver Figura 6. A figura da esquerda mostra uma roda e um pneu, enquanto o diagrama da direita apresenta uma secção transversal da roda e do pneu. As duas dimensões principais são;

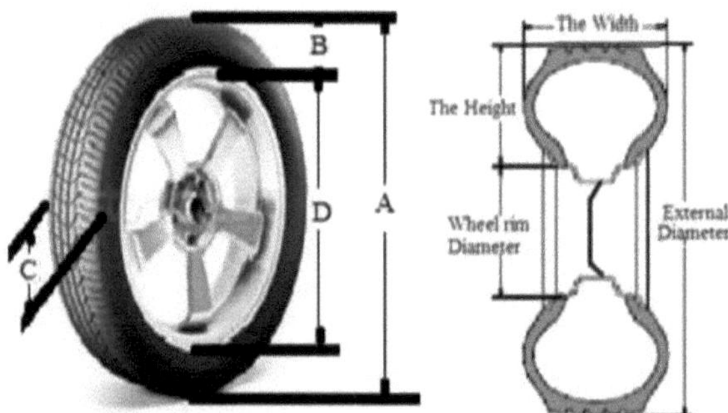

Figura 6. Descrição da dimensão dos pneus

Fonte: creditado e modificado de, http://www.kilpatrickforensics.com/images/general/tire-examination.jpg Data: 2017

1. O diâmetro exterior do pneu, tomado de cima para baixo, como indicado pela letra "A", através do centro da jante, como mostra a figura 6 (à esquerda), ou a altura do pneu, indicada pela letra "B", como se pode ver no esboço da direita, e a largura do pneu, indicada pela letra C no esboço da esquerda, também mostrada no esboço da direita.
2. O diâmetro da jante da roda (ou seja, o diâmetro menor) "D".

NOTA: A altura por largura do pneu é o rácio de aspeto indicado em mm. O diâmetro da jante da roda é normalmente indicado em polegadas (1 polegada é igual a 25,4 mm)

A relação de aspeto é a altura seccional (H) por largura seccional (W) do pneu. Esta relação descreve a relação entre a largura da secção transversal do pneu e a sua altura seccional. (Ver Figura 7) Uma vez que os pneus são elásticos, a altura e a largura não são constantes, pelo que, quando o pneu é montado, a largura e a altura da secção tornam-se o diâmetro nominal condicional. No entanto, num pneu normal, a altura corresponde a cerca de 80% da largura.

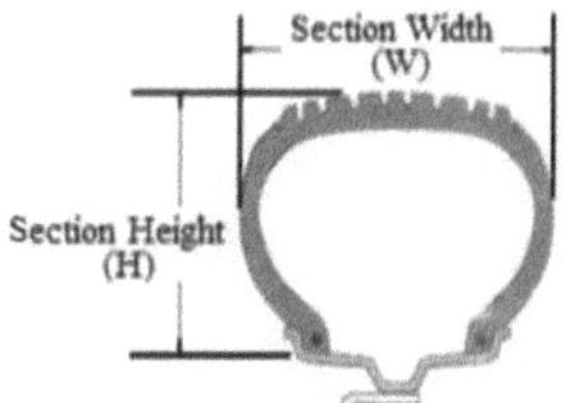

Figura 7 Altura seccional por largura (rácio de aspeto)

1.9. Marcas nos pneus

As Figuras 8 "a" e "b" abaixo mostram exemplos de marcas que podem ser encontradas em pneus de veículos a motor, tanto de veículos ligeiros como de veículos pesados. Estas marcas estão sujeitas a alterações, uma vez que existem diferenças nas dimensões dos pneus.

Figura 8 "a" Marcas/identificações nos pneus
Fonte: Tom Denton (2007) Motor Vehicle Engineering- 2nd edition

Quadro 1.3. Descrição das marcas no pneu

MARKS	MEANING
TWI	Tread Wear Indicator
M&S	Mud and Snow tyres
DOT DVBF BMW 419	Meets the requirement of the American Department of Transport (DOT DVBF BMW) ie. Tyre identification number. Date produced or Manufactured, (419) the first two digits (41) mean 41st week of 1999 *NOTE:* Tyres produced after 1st January, 2000, has four digits. Eg. 3408 will read as 34th week of 2008.
205/65 R 15	Tyre size, The 205 is the Sectional Width in mm: 65 is the Sectional Height (which is 65% of the Sectional Width. The "R" is Radial ply and 15 is the rim number in inches, if the letter "R" is omitted, then it is a Cross-ply tyre.
94T	Load Indent/Speed. ie. 94 is the Load Indent, T is Speed symbol
VREDESTEIN SNOWSTAR *T65*	Brand name or manufactures
E4 021958	Approval number according to ECE-R30
Max. load; Max. Press	Maximum load in kg. Maximum pressure at Kpa. / Psi

Figura 8 "b" diferenciação das marcas no pneu (Radial ply e Cross/Bias ply).

As marcas nos dois pneus divulgaram as diferenças de marcas nos pneus de estrutura radial e de estrutura cruzada. A marca 295/80 R15 indica a relação de aspeto de uma lona Radial, que se lê como Largura Seccional 295 em mm, a Altura Seccional 80% da largura seccional. R é uma lona radial com um diâmetro de jante de 15 polegadas.

As marcas10.00 - 20 indicam o rácio de aspeto de um pneu de lonas cruzadas/compactadas. A leitura indicada dá a Largura Seccional/Altura Seccional como 10,00 em polegadas e o traço 20 (-20) a dimensão da jante em polegadas.

1.9.1. Velocidade nominal

No que diz respeito à rotação do pneu, a classificação da velocidade é a taxa a que um pneu é escolhido para ser conduzido em segurança. A classificação de um pneu está relacionada com a sua velocidade máxima. No entanto, um veículo não deve circular à sua velocidade máxima, uma vez que uma classificação de velocidade mais elevada não garante o melhor pneu. As condições externas e internas do pneu, a forma como foi insuflado e a carga do veículo também afectam o desempenho do pneu.

A velocidade máxima a que um pneu pode ser conduzido é codificada por uma letra. O quadro seguinte mostra a designação do código de letras numa sequência lógica. (Quadro 4).

Quadro 1.4 Exemplos de designações de códigos de letras

Speed symbol	Maximum speed	
	(km/hr)	(mph)
L	120	75
M	130	81
N	140	87
P	150	94
Q	160	100
R	170	106
S	180	112
T	190	118
U	200	124
H	210	130
V	240	149
W	270	168
Y	300	186
Z	Open-ended	

Fonte: Tecnologia Automóvel (James et al)

A velocidade máxima do veículo deve ser tomada em consideração aquando da escolha dos pneus. É ilegal utilizar pneus cuja velocidade máxima autorizada seja inferior à velocidade máxima do veículo.

1.9.2. Carga

O peso máximo que um pneu pode suportar é designado por carga. Para determinar a carga, é tida em conta a velocidade máxima adequada para o pneu.

A dimensão do pneu, a pressão do pneu e a resistência do pneu são alguns dos factores que afectam a capacidade de carga de um pneu. Quanto mais forte for a carroçaria, maior será a pressão máxima permitida para os pneus e maior será a capacidade de carga do pneu.

1.9.3. Índice de carga

O índice de carga indica a capacidade de carga do pneu. O índice de carga indicado no quadro seguinte indica o que cada pneu pode suportar com segurança.

Tabela 1.5 Tabela de índices de carga

Load index	Load (kg)	Load (Ib)
76	400	882
78	425	937
80	450	992
84	500	1102
86	530	1168
88	560	1235
90	600	1323
92	630	1389
94	670	1477
96	710	1565
98	750	1653
100	800	1764

Nota: Este quadro apresenta alguns números seleccionados.

Fonte: http://www.toyotires.ca/sites/default/files/imce/load_index_table.jpg

Datação:2017

1.9.4. Classificação das lonas dos pneus.

A classificação das lonas dos pneus indica o número de lonas utilizadas num pneu. O número de lonas utilizadas num pneu contribui para a sua resistência. Quanto maior for o número de lonas num pneu, mais forte será o pneu.

1.9.5. Padrão do piso do pneu

Uma vez que o piso do pneu entra em contacto direto com a superfície da estrada, deve ter aderência suficiente, baixo ruído e baixa resistência ao rolamento.

As aplicações dos pneus dependem exclusivamente do desenho do piso que é feito com o perfil.

1.9.6. Indicador de desgaste do piso

Trata-se de uma caraterística de segurança (ver Figura 9) que se encontra no corte do sulco, localizado no piso do pneu, que permite ao observador controlar o limite de perigo. Normalmente, é utilizado um medidor de profundidade do piso para determinar o limite de utilização do pneu.

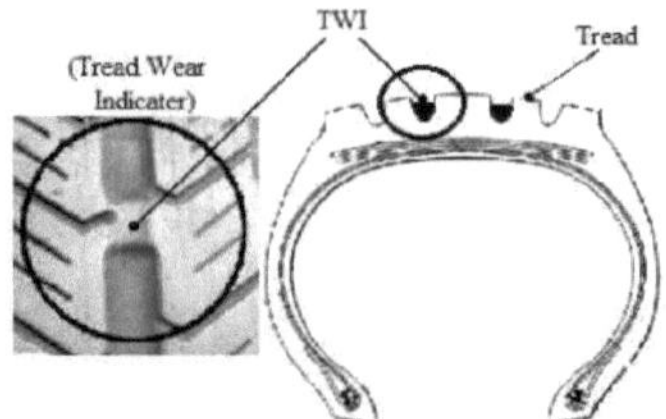

Figura 9 Indicador de desgaste do piso (TWI)

1.10. Vida útil do pneu

A maioria dos especialistas sugere que oito anos é a esperança máxima de vida segura de um pneu, tendo em conta o facto de a borracha começar a rachar e a deteriorar-se com o tempo. Além disso, a borracha é feita de materiais compostos, o que a torna flexível. Por conseguinte, o serviço que um pneu recebe e a forma como o veículo é conduzido têm um efeito sobre a vida do piso de um pneu. As travagens rápidas ou a alta velocidade, bem como o desgaste excessivo do pneu na estrada, encurtam a vida do pneu. Estes efeitos também contribuem para a duração de vida de um pneu. A determinação do tempo de vida de um pneu baseia-se em vários factores - factores económicos, factores ambientais e materiais compostos

1.11. Rotação dos pneus

Para garantir um desgaste uniforme dos pneus, recomenda-se a rotação dos pneus de um veículo dentro de um período de tempo recomendado. A rotação dos pneus é um método de deslocação dos pneus do veículo de uma posição para outra. Ou seja, deslocar o pneu dianteiro para a traseira do mesmo lado do veículo ou na diagonal e deslocar o pneu traseiro para a frente. O desgaste uniforme dos pneus provavelmente prolonga a vida útil de um conjunto de pneus. Normalmente, recomenda-se a rotação dos pneus a cada 8.000 km a 13.000 km (5.000 milhas a 8.000 milhas). É possível fazer referência ao manual do fabricante relativamente a este ponto, embora este varie consoante os fabricantes de automóveis e de pneus. Por exemplo, a Michelin recomenda que a rotação dos pneus seja efectuada a cada 10 000 km a 12 000 km (6 000 milhas a 8 000 milhas).

1.12. Materiais dos pneus

Rayon, nylon, poliéster, fibra de vidro, aço, aramida ou Kevlar podem ser utilizados como materiais para a estrutura do pneu e para os pneus da correia. Cada um destes materiais tem as suas próprias vantagens e desvantagens.

Quadro 1.6: Vantagens e desvantagens dos materiais dos pneus

MATERIAL	ADVANTAGE	DISADVANTAGE
Rayon and cord tyres	Good ride and low in cost	Limited strength to cope with long high-speed
Nylon-cord tyres	Offer greater toughness and resistance to road damage.	Generally gives a slight harder ride
Polyester and fiberglass tyres	Offer many of the best qualities of rayon and nylon. Smoothly as rayon tyres and smoother ride	Much tougher.
Steel	Tougher than fiberglass or polyester	It gives a slightly rougher ride.
Aramid and Kevlar cords	Lighter than steel	

1.13. Resumo: Pneus

As rodas e os pneus desempenham um papel muito importante na configuração do veículo. A roda e o pneu estão reunidos num só componente, pelo que são conhecidos e designados por roda e pneus.

Os pneus devem ser;

- Forte mas leve

- Económico, durável e com um bom preço

- Amigo do ambiente

- Pode ser aplicado tanto em superfícies húmidas como secas

- Utilização segura em superfícies com gelo e neve

Funções e objetivo dos pneus

1. Transmitir forças de tração e de travagem, transmitir forças transversais ou laterais e gerir a paragem e a viragem do veículo.

2. Suporta os pesos do veículo e transporta a sua carga

3. O ar pressurizado nele contido amortece e absorve os choques da estrada.

Tipos e classificação dos pneus

Tipos de pneus

Os pneus flexíveis são construídos em camadas (lonas) sob a forma de cordas. Basicamente, existem duas construções de pneus. São elas a camada Radial e a camada Bias (cruzada).

Classificação dos pneus

Os pneus podem ser classificados da seguinte forma

- Classificação de acordo com a conceção
- Classificação de acordo com o material
- Classificação de acordo com as suas características ou funções
- Classificação de acordo com o padrão da banda de rodagem
- Classificação por marca ou fabrico
- Classificação de acordo com o veículo

Banda de rodagem: O piso de um pneu é a parte que está em contacto direto com a superfície da estrada.

Talão: O pneu fica na jante da roda com o talão.

Correia: A correia torna a banda de rodagem rígida, dificultando a sua deformação.

Rácio de aspeto. (Rácio altura/largura): Descreve a relação entre a largura da secção transversal do pneu e a sua altura seccional.

Marcas e seu significado

Velocidade nominal

As condições externas e internas do pneu, a forma como foi insuflado e a carga do veículo também afectam o desempenho do pneu

Carga

O índice de carga indica a capacidade de carga do pneu. O pneu deve ter suficiente "aderência".

Classificação das lonas dos pneus. A classificação das lonas do pneu indica o número de lonas utilizadas num pneu. Quanto maior for o número de lonas num pneu, mais resistente será o pneu.

Padrão do piso do pneu

O piso do pneu entra em contacto direto com a superfície da estrada.

Padrão de blocos

Os pneus com padrão de blocos são utilizados na maior parte dos pneus de neve e dos pneus sem pregos; o piso deste padrão está dividido em blocos independentes.

Padrões de desgaste do piso e vida útil dos pneus

As travagens bruscas, as curvas a alta velocidade e o desgaste excessivo do pneu na estrada encurtam a vida útil de um pneu. Por conseguinte, a maioria dos peritos sugere que oito anos é a esperança máxima de vida segura de um pneu.

1.12.1. Perguntas (pneus)

Indique TRÊS características de um pneu

Indique TRÊS funções de um pneu

Indicar os DOIS tipos principais de pneus

Explicar a diferença de construção entre um pneu de estrutura radial e um pneu de estrutura cruzada

Descreva QUATRO classificações de pneus e dê DOIS exemplos de cada uma.

Explicar o significado das seguintes marcas num pneu:

    i. DOT
    ii. TWI
    iii. 205/65 R 15
    iv. 94T
    v. Data de produção ou fabrico: - 419 ou 3408

Indique UMA vantagem e desvantagem de cada um dos seguintes materiais utilizados na estrutura do pneu.

    i. Pneus de rayon e cordas
    ii. Pneus com fio de nylon
    iii. Poliéster

PARTE II

RODAS

2.0. Objectivos de aprendizagem

Depois de estudar a Parte II, o leitor deve ser capaz de

- Enumerar os tipos de rodas
- Indicar os requisitos da roda
- Identificar as partes da roda
- Explicar as características de construção das válvulas dos pneus
- Descrever o significado das válvulas dos pneus

2.1. Rodas

A unidade em que o pneu flexível de borracha é montado é a roda. As rodas são compostas por uma jante e um disco ou flange. A jante constitui a parte exterior da roda na qual o pneu é montado. A roda é fixada ao automóvel/veículo pelo disco ou flange da roda.

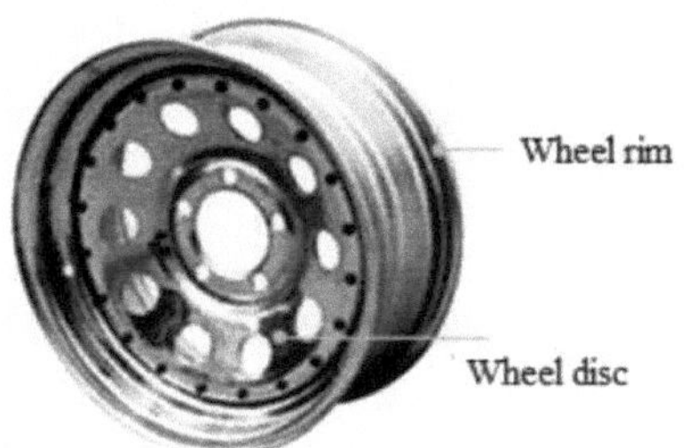

Figura 7 Partes da roda

Fonte: www.tyresizecalculator.com/images/articles/wheel-rim.jpg Data 2017

2.2.   Necessidade de rodas

- Uma roda tem de ser forte para resistir aos ataques das muitas forças que actuam sobre ela.
- A roda deve ser leve para permitir que o pneu siga o esboço da estrada.
- Deve ser simples de remover e fácil de limpar.

2.3. Tipos de rodas

Basicamente, existem três tipos de rodas e são elas:

- Um tipo de prensa de aço

- A Tipo de suporte de raios ou de arame

- Um tipo baseado em liga

Quadro 2.1 Vantagens e desvantagens da roda

TYPES	ADVANTAGES	DISADVANTAGES	SOURCES (Images)
Steel Pressed It has rim in a ring form and steel pressed flange welded together.	Most common material used for wheel rims	1. More robust than the spoke types. 2. More prone to corrosion than the alloy types.	http://www.bmwreplicawheels.ca/images/Steel-Wheel.jpg
Spoke or Wire Inner and outer sets of spokes are connected to the hub shell.	1. The spokes provide lateral stiffness of the wheel. 2. Good for high speed cars	Much attention is needed to maintain the spokes	http://xks.com/images/F34079308.png

| Alloy based
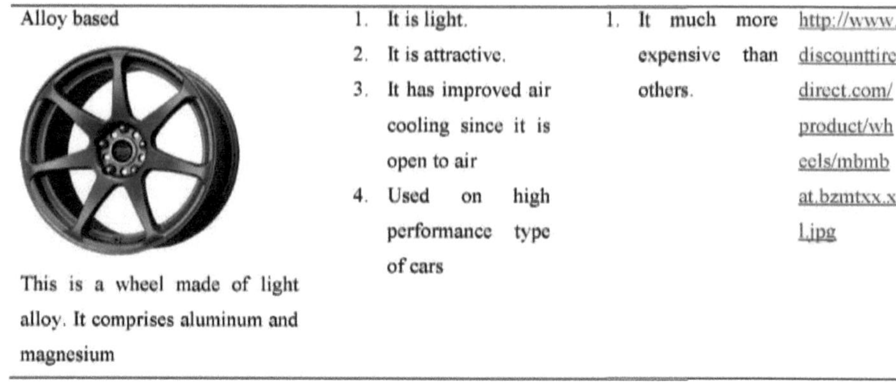
This is a wheel made of light alloy. It comprises aluminum and magnesium | 1. It is light.
2. It is attractive.
3. It has improved air cooling since it is open to air
4. Used on high performance type of cars | 1. It much more expensive than others. | http://www.discounttiredirect.com/product/wheels/mbmbat.bzmtxx.x1.jpg |

2.4. Partes de uma roda e suas aplicações

Base da roda: A base do poço (figura 8) é o diâmetro mínimo da roda. Situa-se no meio da jante ou fora do centro da jante da roda. A base do poço permite retirar facilmente o pneu da roda e facilita a montagem do pneu.

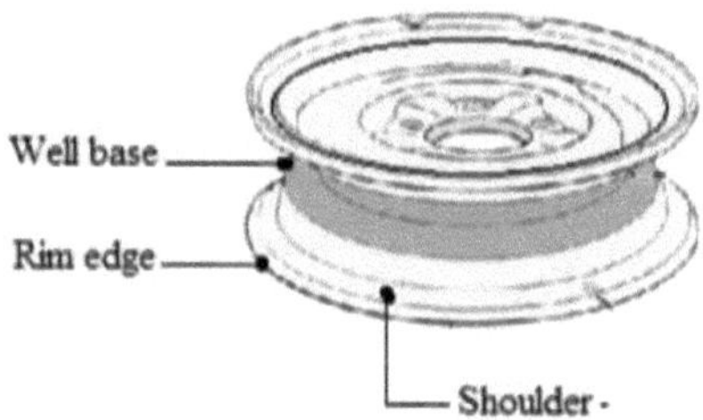

Figura 8. Roda 'Well-Base'

Fonte: Tom Denton (2007) Motor Vehicle Engineering- 2 edition

A "base do poço" da roda pode ser do tipo simétrico ou assimétrico.

Quando a 'Base do Poço' está situada no meio do aro, é conhecida como Simétrica (Ver figura 9a) e quando a 'Base do Poço' não está situada no meio do aro, é denominada Assimétrica (Ver figura 9b).

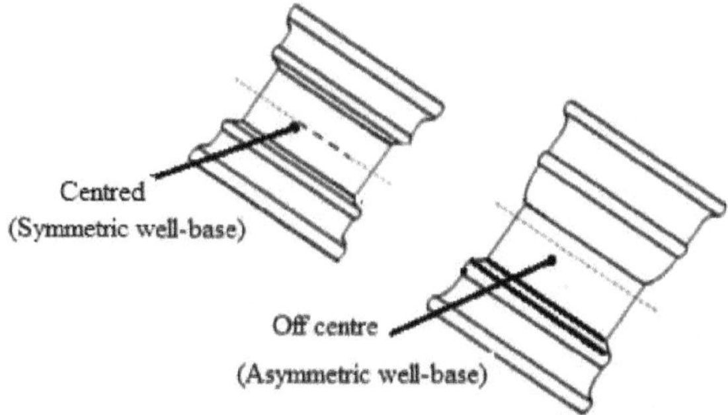

Fig. 9a & 9b 'Well-Base' simétrica e assimétrica

2.4.1. Cotovelo

Os ombros e as jantes com base de poço são frequentemente fabricados com uma corcunda. A corcunda é uma parte elevada no ombro da jante que evita que o pneu deslize para a base da cuba quando se faz uma curva.

2.5. Tipos de jantes

A jante das rodas pode ser dividida em duas ou três peças. (Ver quadro abaixo)

Tabela 2.2. Tipos de jantes.

Type	Descriptions
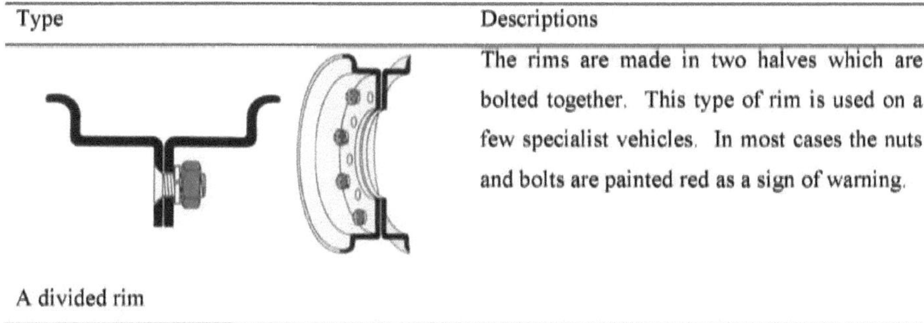 A divided rim	The rims are made in two halves which are bolted together. This type of rim is used on a few specialist vehicles. In most cases the nuts and bolts are painted red as a sign of warning.

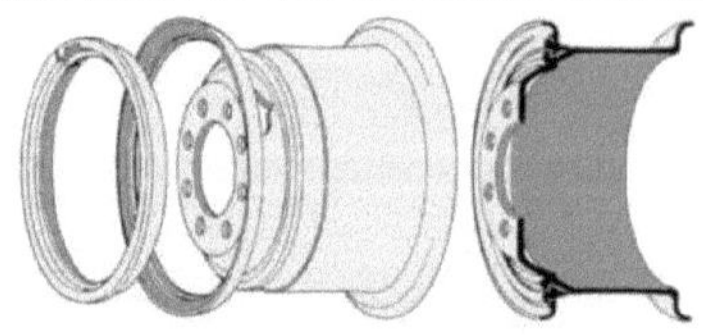

Split Rims

2.6. Válvulas

As válvulas dos pneus (ver figura 10) são montadas na roda de um pneu sem câmara de ar, ao passo que estão ligadas à câmara de ar de um pneu com câmara de ar. As funções das válvulas nos pneus incluem

1. Actua como um canal através do qual o ar enche o pneu

2. Assegurar a prevenção da saída de ar do pneu (embora possa ser efectuado um ajuste para retirar o excesso de ar através da válvula, se e quando necessário).

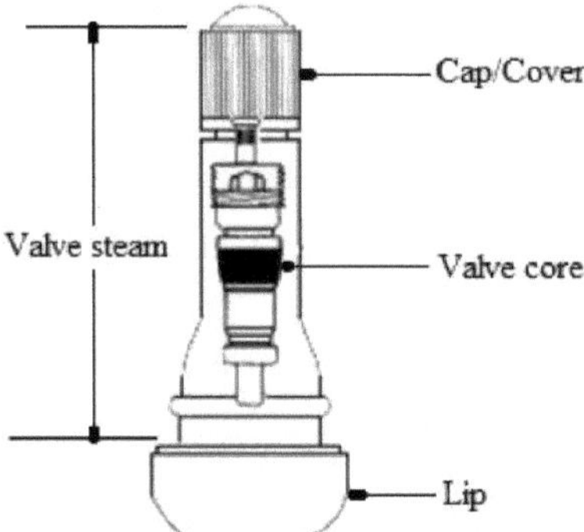

Figura. 10 uma secção transversal de uma válvula de pneu

Fonte: http://www.tire-information-world.com/image-files/valve-assembly.jpg

Datação:2017

2.7. Resumo

RODAS

Basicamente, existem três tipos de rodas. Estes são;

1. Tipo prensado em aço
2. Tipo de suporte de raios ou de fios
3. Tipos de bacias em liga metálica.

Uma roda é constituída por uma jante e um disco ou flange soldados entre si. A jante forma a parte exterior da roda onde o pneu é montado e a flange forma o centro ou a parte interior da roda.   É aqui que a roda é montada no veículo.

- Uma roda tem de ser forte, para contra-atacar as muitas forças que actuam sobre ela.
- Uma roda deve ser leve para permitir que o pneu siga o esboço da estrada.
- A roda deve ser fácil de remover e de limpar
- A roda é fixada ao automóvel com a flange e a jante tem o pneu.
- A base do poço permite retirar facilmente o pneu da roda e facilita a montagem do pneu.
- A roda "Well Base" pode ser do tipo simétrico ou assimétrico.
- A corcunda é uma parte elevada no ombro da jante que impede o pneu de deslizar para a pneu deslize para a "base do poço" nas curvas.
- A saliência evita que o pneu deslize para a base da cuba quando se faz uma curva.
- A jante da roda pode ser dividida em duas ou três partes.

As válvulas de pneus são montadas nas rodas de um pneu sem câmara de ar, ao passo que são fixadas na câmara de ar de um pneu com câmara de ar.

A função da válvula nos pneus inclui,

1. Actua como um canal através do qual o ar enche o pneu

2. Assegurar que o ar não sai do pneu (embora possa ser efectuado um ajuste para retirar o excesso de ar através da válvula, se e quando necessário).

2.6.1. Perguntas

1) Enumere TRÊS tipos de rodas
2) Indique TRÊS requisitos de uma roda
3) Qual é a diferença entre uma base de poço simétrica e uma base de poço assimétrica
4) Fazer um diagrama de linhas rotuladas de uma válvula de pneu
5) Indicar as TRÊS importâncias de uma válvula de pneu

PARTE III

MANUTENÇÃO E REPARAÇÃO DE RODAS E PNEUS

3.0. Objectivos de aprendizagem

Depois de estudar a parte III, o leitor deve ser capaz de

- Identificar os tipos de manómetros de pressão dos pneus e as suas utilizações
- Verificar a pressão dos pneus
- Diagnosticar as falhas dos pneus e descrever os sintomas ou as causas do desgaste dos pneus
- Manutenção e reparação de pneus
- Assistência técnica e manutenção, avarias e reparação de pneus

Introdução: Como o piso dos pneus flexíveis de borracha está em contacto direto com a superfície da estrada, fica exposto a pregos e partículas metálicas que podem perfurar o pneu. Os cortes nos pneus devido a irregularidades da estrada são ocorrências comuns. Os furos "lentos" devidos a cortes ou a perolização de pinos são raros nos pneus. É mais prático verificar a pressão dos pneus a intervalos regulares.

3.1. Controlo da pressão dos pneus

Para verificar a pressão dos pneus:

- Retirar a tampa da válvula do pneu
- Pressionar o medidor de pneus (manómetro) diretamente sobre a válvula do pneu.

Atenção! Certifique-se de que está bem preso na válvula para evitar fugas.

Nota: É preferível verificar a pressão dos pneus quando o veículo não tiver sido conduzido. Isto é, quando o pneu está frio.

3.2. Manómetros de pressão dos pneus e suas aplicações

Os manómetros de pressão dos pneus existem em três tipos diferentes, nomeadamente;

1. Tipo de bastão
2. Tipo de marcação
3. Tipo digital.
   Aplicações:

A maior parte dos manómetros são utilizados para encher e verificar a pressão, mas alguns são

30

fabricados apenas para verificar a pressão dos pneus.

3.3.1. Manómetro de pressão de vareta.

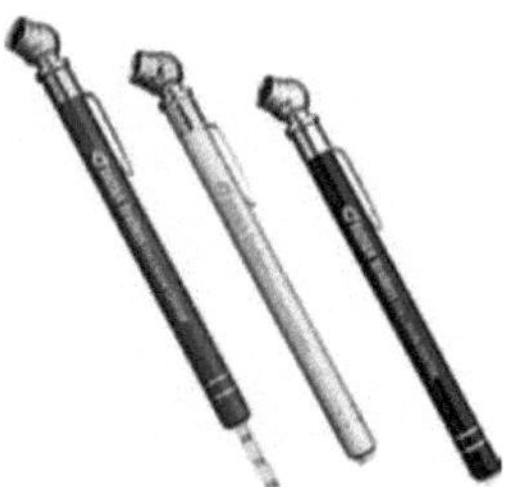

Figura 11 Medidor de varas

Este manómetro (figura 11) parece-se um pouco com uma caneta de bolso de metal. É utilizado apenas para verificar a pressão. No interior do manómetro há uma barra que desliza para fora quando a extremidade da válvula do manómetro pressiona a haste da válvula do pneu.

Aplicação: Pegue na extremidade aberta da válvula do manómetro e pressione firmemente. A haste começará a sair pela outra extremidade e a quantidade de ar/pressão no pneu será indicada.

Atenção! Não se esqueça de esperar até que pare de se mover ou até obter a sua leitura.

3.3.2. Manómetros de pressão dos pneus com mostrador

O mostrador, também conhecido como mostrador analógico, tem uma face redonda semelhante a um relógio. Ver figura 12. A figura 12 'a' é um tipo utilizado para verificar a quantidade de ar no pneu, enquanto a figura 12 'b' é uma combinação de um insuflador com um medidor. Este último pode ser utilizado para medir a pressão do pneu e também para bombear ar para o pneu. Tem um tubo de borracha flexível ou um tubo fino ligado ao manómetro para medir a pressão do pneu ou para insuflar uma quantidade de ar no pneu.

Figura 12 Medidores de pressão dos pneus com mostrador

FONTES: https://www.bing.com/images/search?q=tire+pressure+gauges&FORM=HDRSC2

Aplicação: Retirar a tampa da válvula do pneu. Aplicar a extremidade da válvula do manómetro na válvula do pneu. A agulha na face começa a mover-se para ler a pressão. Aguarde até a agulha parar e efectue a leitura.

3.3.3. O medidor digital

O manómetro digital utiliza um visor LCD eletrónico, onde são apresentadas as leituras de pressão. Figura 13a. Manómetros de pressão de ar digitais,

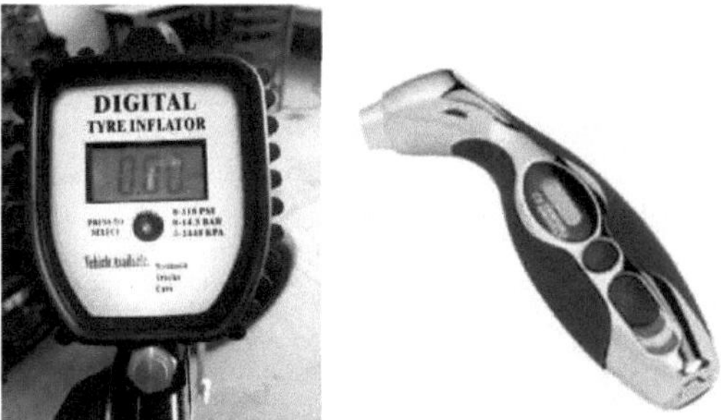

Figura 13 a, calibradores de pneus digitais.

Figura 13b, Um estudante a verificar a pressão de um pneu com um manómetro digital.

3.4. Vantagens e desvantagens dos manómetros de pressão dos pneus

O quadro 3.1 apresenta as vantagens e desvantagens dos manómetros de pressão dos pneus.

Types of gauge	Advantages	Disadvantages
Stick or Pen type	1. Not expensive. 2. Easy to use. 3. Small enough to fit into any corner.	1. It can be complicated to read. 2. They are less likely to be accurate.
Dial gauges	1. More accurate than a stick type. 2. It is easy to read.	1. It is a bit clunky, ie two hands may be needed to handle. 2. A bit more space is needed for storage.
Digital gauges	1. It is more likely to be the accurate. 2. It is easy to read. 3. It is less expensive than dial gauges 4. It is easy to use.	1. It uses batteries; failure of the battery makes it difficult to be used. 2. The use of battery makes it quite expensive.

DICAS: *Conduzir com os pneus corretamente cheios melhora a segurança, o comportamento e a economia de combustível dos seus pneus. A pressão correcta dos pneus é necessária para garantir uma condução confortável e ter capacidade de carga. Os pneus corretamente cheios também mantêm uma baixa resistência ao rolamento e reduzem o desgaste dos pneus.*

3.4. Verificação da profundidade do perfil

A profundidade do perfil é medida com um medidor de profundidade de perfil (Fig. 14).

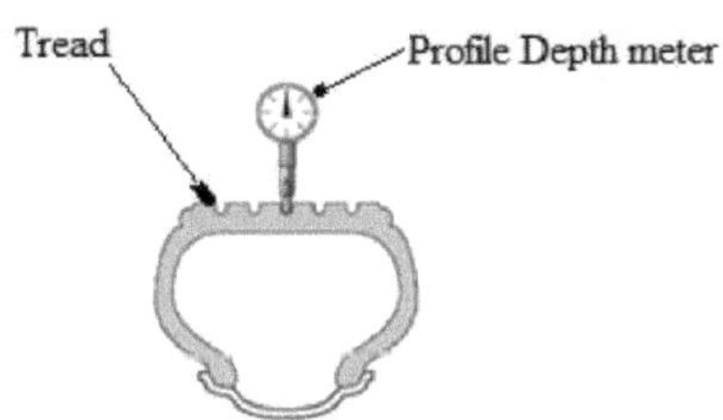

Figura 14 Medidor da profundidade do piso dos pneus

Este medidor de profundidade do piso do pneu é utilizado posicionando o medidor sobre a ranhura do pneu e premindo a parte superior do medidor. Retirar o medidor do pneu para efetuar a leitura do medidor. A leitura é efectuada na intersecção entre a caixa e o êmbolo. O número mais próximo da intersecção indica a profundidade do desgaste do piso. A profundidade mínima do perfil deve ser de 1,6 mm em todo o perímetro do piso. Este valor é indicado pelos indicadores de desgaste do piso "TWI" - (conforme ilustrado na Figura 14).

3.5. Verificação da existência de danos nos flancos dos pneus.

Atenção às fissuras secas.

Os flancos podem ficar danificados se o pneu tiver sido conduzido contra um pavimento.

3.5.1. Verificar se a carcaça (corpo/caixa) do pneu está seca

A carcaça pode ficar danificada se o veículo for conduzido durante um período muito longo com um pneu furado. Por vezes, os danos podem ocorrer devido ao embate em buracos, etc.

Efeito: A camada de cordão pode separar-se se o veículo for conduzido durante muito tempo com o pneu furado, o que pode acontecer devido à exposição ao calor.

3.5.2. Controlo do cordão danificado

Os danos no talão devem-se geralmente a erros na montagem ou na remoção do pneu.

Efeitos: Se o talão estiver danificado, pode ocorrer uma fuga lateral no bordo da jante. Pode também expor os fios do talão.

3.5.3. Verificação da existência de rasgões ou deformações na roda.

O rasgão ou a deformação da roda podem dever-se a orifícios dos parafusos danificados. Os orifícios dos parafusos podem ficar danificados se os parafusos da roda forem rodados com demasiada força ou se não forem rodados com força suficiente. As rodas de liga leve são normalmente mais sensíveis a um momento de aperto incorreto do que as rodas de aço.

3.5.4. Verificar se as rodas e os pneus apresentam sinais de danos e regular a pressão dos pneus.
- Levantar o macaco e apoiar o veículo
- Inspecionar a roda quanto a danos.
- Verificar a profundidade do piso do pneu
- Verificar se os flancos dos pneus estão danificados

É necessário verificar as fugas do pneu e da válvula e, se possível, regular a pressão do pneu.

3.5.5. Controlo do desgaste e dos danos nos pneus

Ao verificar o desgaste dos pneus,

- A roda e outras partes do pneu devem ser objeto de um controlo crítico, e não apenas o piso.
- No entanto, ao verificar o piso, tenha em atenção o padrão de desgaste. Num caso normal, os pneus desgastam-se uniformemente.
- O pneu tem de ser retirado do automóvel para verificar se a carcaça (estrutura) e o talão estão danificados.

NOTA: A vida útil de um pneu depende de muitos factores, incluindo

- O peso sobre o pneu,
- A natureza da superfície da estrada e também o comportamento do condutor.
- As falhas mecânicas, como o desequilíbrio ou a pressão incorrecta dos pneus, também podem afetar a vida útil do pneu

A figura 15 ilustra os defeitos dos pneus

Figura 15 Defeitos nos pneus

Quadro 3.2 Diagnóstico de avarias dos pneus

SYMPTOMS	CAUSES
Wear on edges of tyre	Under inflation
Uneven wear of tread	Under-inflation
Bent wheel, Cracking of Casing	Under-inflation
Wear in centre of tyre tread	Over-inflation
Uneven or sport wear	1. Unbalance tyre 2. Sharp Braking or Cornering 3. Sudden taken off.
Wear on inner shoulder/edge.	1. Incorrect camber angle (Negative camber-Too large) 2. Driving on steeply cambered roads

3.5.6. Mudar um pneu

- Retirar a roda do veículo.

- Quebrar o cordão com o martelo pneumático

- Retirar o pneu, certificando-se de que o talão oposto cai na cuba da roda.

- Retirar a válvula cortando a junta de borracha (se necessário).

- Substituir a válvula aplicando lubrificante (massa lubrificante) e voltar a montar o pneu.
- Encher o pneu novo, certificando-se de que cada talão "bate" no sítio.
- Equilibrar o conjunto roda/pneu, ajustar a pressão correcta e voltar a montar no veículo.

3.5.6. Remoção e reparação de pneus:

- Retirar a roda do veículo.
- Identificar o local da punção e marcar com giz colorido.
- Verificar se o pneu pode ser reparado; caso contrário, substituir o pneu.
- Colocar o remendo menor e deixar curar.

3.5.7. Reequipamento de Tiro

- Colocar uma válvula nova no lugar da válvula danificada. (se necessário, montar uma válvula nova)

- Aplicar pasta de pneus (lubrificante) e voltar a montar o pneu.

- Encher o pneu novo, certificando-se de que cada talão "bate" no sítio.

- Equilibrar o conjunto roda/pneu e definir a pressão correcta.

- Voltar a montar o conjunto roda/pneu no veículo.

3.5.8. Controlo de fugas - (um pneu reparado)

- Mergulhar os pneus numa banheira cheia de água limpa.

- Rodar e inspecionar visualmente o pneu para verificar se há fugas. O ar que sai forma bolhas

3.5.9. Controlo de fugas (da válvula do pneu)

- Retirar a tampa da válvula do pneu.

- Pulverizar água com sabão (é utilizada em vez de saliva) contra a extremidade aberta da haste da válvula. O ar que se liberta formará bolhas

- Fechar/recolocar a tampa. Se não for detectada qualquer bolha.

3.5.10. Sistema de controlo (sensor) da pressão dos pneus (TPMS)

Trata-se de um sistema elétrico automatizado concebido para controlar a pressão do ar no interior do pneu.

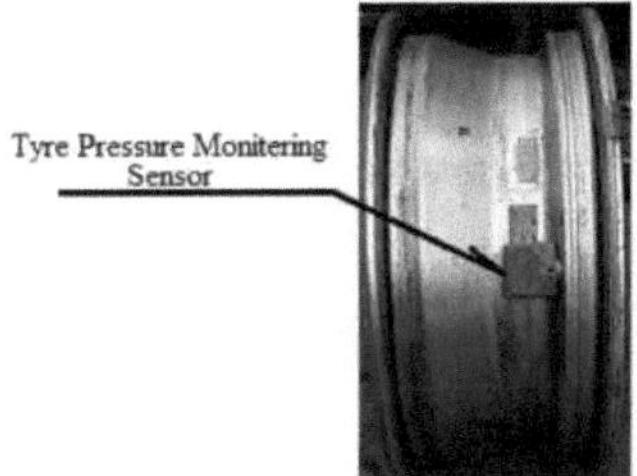

Figura 16 Sensor de controlo da pressão dos pneus

3.5.12 Sensor de velocidade da roda.

Um sensor de velocidade das rodas ou sensor de velocidade do veículo (VSS) é um tipo de tacómetro. É um dispositivo emissor utilizado para ler a velocidade de rotação das rodas de um veículo.

3.6. Equilibragem de rodas

3.6.1. Desequilíbrio

Se possível, as rodas de um automóvel devem rodar sem qualquer vibração. No entanto, um pneu fica desequilibrado quando roda com vibração. Um desequilíbrio ocorre quando o peso do pneu em rotação não é distribuído uniformemente em torno do seu eixo de rotação. Ver Figura 17.

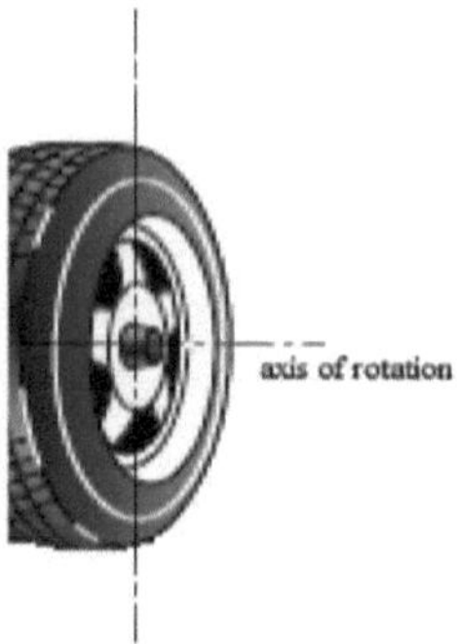

Fig. 17 O peso da roda e do pneu deve ser distribuído igualmente em torno do eixo de rotação.

A vibração é o sinal mais óbvio de desequilíbrio e pode ser sentida através de vibrações no volante. As vibrações podem ocorrer a determinadas velocidades ou mesmo a qualquer velocidade.

3.7.   Formas de equilibragem de rodas (pneus)

3.7.1.Desequilíbrio estático e dinâmico

Existe um desequilíbrio estático e dinâmico.

A estática é utilizada para descrever o equilíbrio da roda em repouso. Se uma roda dianteira for levantada e deixada em repouso, tentará fazê-lo com a parte mais pesada no ponto mais baixo. Ou seja, se uma roda estiver estaticamente desequilibrada, o ponto mais pesado ficará em repouso na parte inferior.

O equilíbrio dinâmico descreve as forças geradas por pesos desiguais distribuídos quando o pneu é rodado normalmente a alta velocidade. Para corrigir o desequilíbrio dinâmico, é necessário colocar pesos nos lados interior e exterior da jante da roda. Por vezes, as válvulas dos pneus são instaladas num ponto para anular o desequilíbrio da roda. Por vezes, ao tentar localizar uma parte menos pesada da roda, é encontrada uma marca vermelha. O ponto vermelho na parede lateral indica a parte mais leve do pneu e este ponto deve ser alinhado com a válvula do pneu quando este é montado.

Nota:- É prudente marcar a posição do pneu na jante, colocando uma mancha de tinta na parede lateral, em linha com a válvula do pneu, para que o equilíbrio da roda não seja perturbado se o pneu for posteriormente retirado e montado de novo.

A balança dinâmica é mais abrangente do que a balança estática, devido ao facto de as forças laterais e estáticas serem medidas e corrigidas.

3.7.2. Efeito do desequilíbrio estático.

A Figura 18a ilustra o desequilíbrio estático. Devido ao desequilíbrio estático, a roda acabará por provocar um movimento ascendente e descendente ou "bater ou tamborilar" e começará a vibrar verticalmente. Este efeito é designado por ressalto.

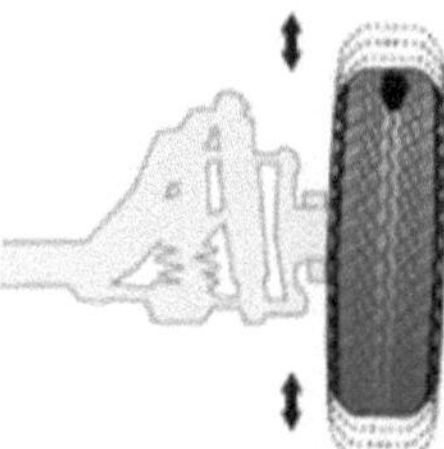

Figura 18a. Efeito do desequilíbrio estático (ressalto)

3.7.3. Desequilíbrio dinâmico

3.7.4. A figura 18b ilustra o desequilíbrio dinâmico das rodas. Neste caso, verifica-se um movimento de flapping. O movimento de flapping é designado por wobble ou "shimmy"

Figura 18b. Efeitos do desequilíbrio dinâmico (oscilação da roda)

3.8. Desmontagem e montagem de pneus

Uma máquina de remoção e montagem de pneus, ver Figura 19a, é utilizada para remover e montar pneus de automóveis.

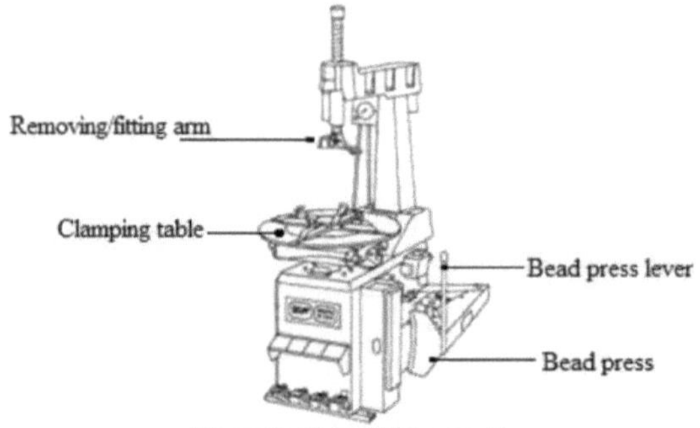

Figura 19a, Máquina de remoção e montagem de pneus

A máquina é constituída por um:

- Prensa de pérolas e alavanca
- Mesa de fixação com mordentes
- Desmontagem e montagem do braço

Aplicações das peças:

1. A prensa de missangas:

   É utilizado para pressionar o talão do pneu para fora do rebordo da jante, ver Figura. 19b.
2. A mesa de fixação tem duas funções:

   a. Fixa a roda

   b. Faz rodar a roda.

O dispositivo de fixação funciona pneumaticamente e o movimento rotativo é fornecido por um motor elétrico.

3. O braço de remoção e montagem é utilizado para remover o pneu da jante, bem como para substituir o pneu à volta da jante.

Nota: O braço de remoção e montagem deve ser ajustado de modo a não tocar na jante. Isto evita que o bordo da jante seja danificado.

Passos:

Remoção

1. Pressionar o talão do pneu para fora do rebordo da jante (Fig. 19b)

2. Fixar a roda no dispositivo de fixação e rodar a roda.

3. Retirar o pneu da jante com a ajuda de uma alavanca

Figura 19b: Um técnico a pressionar o talão do pneu para fora do rebordo da jante.

3.8. Efetuar a equilibragem de uma roda que tenha sido retirada do automóvel:

Aspectos a ter em conta antes de equilibrar a roda;
(Antes de fixar a roda à máquina):

1. A roda deve estar limpa.

2. O antigo peso de equilíbrio e as pedras devem ser retirados da roda.

3. A jante deve ser verificada quanto a danos.

4. Encher o pneu com a pressão correcta.

Fixar agora corretamente o conjunto roda/pneu na máquina de equilibragem (Figura 20a).

Figura 20a. Máquina de equilibrar

Utilizar a máquina e determinar as seguintes informações

- O diâmetro do aro
- A largura da jante
- A distância entre a jante e o ponto de referência na máquina de equilibrar

Introduzir as informações utilizando os botões de ajuste da máquina, ver Figura 20b.

A máquina tem de obter a informação através da calibração

Com esta informação, a máquina de equilibrar pode determinar:

- Qual deve ser o tamanho do peso da balança
- A posição no bordo da jante onde o peso da balança deve ser fixado.

Fixar o peso correto na parte adequada do aro com a ajuda de um alicate de equilíbrio.

Figura.20b Um técnico que introduz as informações numa máquina de equilibrar rodas.

3.9. Verificar as rodas.

3.9.1.Verificação da calibragem e do binário dos pneus.

Procedimento: Verificar cuidadosamente toda a volta do pneu, por dentro e por fora.

Procure desgaste do piso e danos nos flancos.

Apalpar o padrão do pneu da esquerda para a direita e da direita para a esquerda, para verificar se há sinais de enevoamento. Verificar se a forma do pneu é uniforme e se não existem cortes ou protuberâncias.

Nota: se houver sinais de fissuras, a roda deve ser substituída.

Cuidado: Certifique-se de que as jantes estão corretamente montadas e de que a válvula está posicionada de modo a não ser sujeita a tensões do revestimento. As porcas/parafusos das rodas devem ser apertados com uma chave dinamométrica.

3.9.2.Controlo dos pneus

Verificar se a válvula do pneu apresenta sinais de fuga e certificar-se de que o tampão de proteção contra o pó está colocado.

Agite ligeiramente a válvula de um lado para o outro para verificar se existem fugas.

Verificar a pressão do ar e, se necessário, ajustar a pressão.

Medir a excentricidade da roda/pneu, do eixo e do cubo.

NOTA: 1. Ao rodar um pneu com um padrão de piso direcional, deve ter-se o cuidado de manter a direção das setas na parede lateral, que indicam a direção em que o pneu deve rodar. 2. Um pneu com Sistema de Monitorização da Pressão dos Pneus tem de ser reposto de modo a identificar a localização do pneu.

Referência

Abbey S (1974) Automobile Maintenance Series, Automobile Steering, Braking and Suspension overhaul. Londres. REINO UNIDO

Gee-Clough, McAllister et al. Motor Vehicle Mechanics-Maintenance and Diagnostics, Londres. REINO UNIDO.

Hillier H. V. (2000). Fundamental of Motor Vehicle Technology 4th edition. Londres, Reino Unido.

Fwa T.F, Pasindu H.R, Ong G.P. (2012), Critical Rut Depth for Pavement Maintenance Based on Vehicle Skidding and Hydroplaning Consideration. *Jornal de Engenharia de Transportes.*

T. F. Fwa, H. R. Pasindu, G. P. Ong. (2012) Profundidade crítica do sulco para manutenção do pavimento com base na consideração de derrapagem e hidroplanagem do veículo. *Jornal de Engenharia de Transportes*

Tom Denton (2008). Automotive Technician Training. Londres. REINO UNIDO

Tom Denton (2007). Motor Vehicle Engineering 2nd edition. Londres, Reino Unido.

James O Halderman (2012), Princípios de Tecnologia Automóvel, Diagnóstico e Assistência. Pearso

Pearson Prentice Hall Publishing company. Nova Jersey, EUA.

www.augustaquicklane.com

www.culturaaerouanulica.blogspot.com

www.pearsonhighered.com.

http://smallseotools.com/plagiarism-checker/

http://www.rubberstation.com/tire(PC)crosssection1.jpg

http://www.revzilla.com/blog content image/image/9268/20140710TireDrawing.png

https://images.hemmings.com/redesign/hmw/coker1/03-Radial-Tire-Cutaway-Drawing.jpg

http://www.onallcylinders.com/wp-content/uploads/2013/10/bias ply.jpg

http://www.kilpatrickforensics.com/images/general/tire-examination.jpg

http://tireswheelsdirect.com/Uploads/Tire-description.jpg

http://www.toyotires.ca/sites/default/files/imce/load index table.jpg

http://www.tire-information-world.com/image-files/valve-assembly.jpg

https://www.bing.com/images/search?q=tire+pressure+gauges&FORM=HDRSC2
https://www.bing.com/images/search?q=tire+pressure+gauges&FORM=HDRSC2

www.maxxis.com/other-automotive-information/how-a-atire-is-made

www.thomsonlearing.co.uk

www.automotive-technology.co.uk

https://image.slidesharecdn.com/summerinternship2015-150906053156-lva1-app6892/95/wheel- and-tyres-2-638.jpg?cb=1441517685

http://media.michelinman.com/content/dam/master/Michelin/pdf/Owners Manual Post Promise Plan.pdf

http://www.tyresizecalculator.com/images/articles/wheel-rim.jpg

Sobre os autores

Emmanuel Duodu é professor no Departamento de Engenharia Automóvel da Universidade Técnica de Koforidua (KTU). Tem um Mestrado em Educação Tecnológica em Mecânica pela Universidade de Educação de Winneba (UEW). Tem os certificados do City and Guilds of London Institute em Engenharia Básica e Técnicos Parte 3 e obteve o Bacharelato em Educação Profissional e Técnica (VOCTECH) da Universidade de Educação de Winneba (UEW). Antes de ingressar na UEW, Emmanuel Duodu leccionou durante vários anos em escolas secundárias técnicas e superiores. Tem uma vasta experiência nos ensinamentos do ensino baseado em competências (CBT). É membro do Instituto de Engenharia e Tecnologia (IET) do Gana (formalmente Institution of Incorporated Engineers - IIE)

Godwin Kafui Ayetor é doutorado em Engenharia Mecânica (Biodiesel) pela Universidade de Ciência e Tecnologia Kwame Nkrumah (KNUST). Obteve o seu MSc. Engenharia Automóvel (Veículos Eléctricos Híbridos) na Universidade de Kingston, Londres, e Licenciatura em Engenharia Mecânica na KNUST, Gana. Engenharia Mecânica da KNUST, Gana. É professor no Departamento de Engenharia Automóvel da Universidade Técnica de Koforidua. O Dr. Godwin Kafui Ayetor tem doze (12) publicações internacionais e um livro de texto.

George Bright Gyamfi é professor de Engenharia Automóvel na Universidade Técnica de Koforidua (KTU), onde lecciona desde 2006. Atualmente, é o diretor interino do Departamento de Engenharia Automóvel. Tem certificados de Técnico de Veículos Motorizados Partes 1, 2 e 3. Também possui uma licenciatura em Ensino Técnico Profissional e um Mestrado em Tecnologia Mecânica da Universidade de Educação - Campus de Kumasi. Bright foi Técnico na Ghana Consolidated Diamonds Limited durante quatro anos, leccionou no nível básico durante doze anos e foi Coordenador Técnico Profissional. Bright é coautor de quatro revistas e de um livro.

Printed by Books on Demand GmbH, Norderstedt / Germany